BOW&MEOW

Kokoma

汪喵星人療癒系甜點

Kokoma—著

CONTENTS

Part1 療癒系的汪喵星人點心日常

汪喵星人點心寫真 012

Part2 低糖、免模具就能完成Kokoma風格

關於使用材料 040

關於輔助工具 044

用巧克力畫出療癒的點心表情 045

免模具點心課

A 奶酪杯

製作基礎 047

鮮奶酪 048

● RECIPES

抹茶腳印 049

黑糖狗狗 052

鮮奶草莓貓貓 054

B 日式煮糰子

製作基礎 059

煮糰子 060

黑糖蜜 062

日式甜醬油 063

● RECIPES

花貓糰子 064

花狗糰子 066

牛頭梗糰子 068

紅豆被被貓咪糰子 ⋯⋯⋯⋯⋯⋯⋯⋯ 070

貓貓紅豆湯糰 ⋯⋯⋯⋯⋯⋯⋯⋯⋯ 072

迷你貓掌甜湯 ⋯⋯⋯⋯⋯⋯⋯⋯⋯ 074

黃豆黑糖蜜柴犬 ⋯⋯⋯⋯⋯⋯⋯⋯ 076

C　燒菓子

製作基礎 ⋯⋯⋯⋯⋯⋯⋯⋯⋯⋯⋯ 081

燒菓子外皮 ⋯⋯⋯⋯⋯⋯⋯⋯⋯⋯ 082

內餡 ⋯⋯⋯⋯⋯⋯⋯⋯⋯⋯⋯⋯⋯ 084

● RECIPES

小耳貓 ⋯⋯⋯⋯⋯⋯⋯⋯⋯⋯⋯⋯ 086

圓圓法鬥 ⋯⋯⋯⋯⋯⋯⋯⋯⋯⋯⋯ 088

三小福 ⋯⋯⋯⋯⋯⋯⋯⋯⋯⋯⋯⋯ 090

栗子與狗 ⋯⋯⋯⋯⋯⋯⋯⋯⋯⋯⋯ 092

趴趴貓 ⋯⋯⋯⋯⋯⋯⋯⋯⋯⋯⋯⋯ 094

圓尾巴科基 ⋯⋯⋯⋯⋯⋯⋯⋯⋯⋯ 096

招財貓 ⋯⋯⋯⋯⋯⋯⋯⋯⋯⋯⋯⋯ 098

抱麵包貓咪 ⋯⋯⋯⋯⋯⋯⋯⋯⋯⋯ 100

D　大福

製作基礎 ⋯⋯⋯⋯⋯⋯⋯⋯⋯⋯⋯ 103

外皮＋填餡 ⋯⋯⋯⋯⋯⋯⋯⋯⋯⋯ 104

● RECIPES

垂耳狗＆小白貓 ⋯⋯⋯⋯⋯⋯⋯⋯ 106

小球貓 ⋯⋯⋯⋯⋯⋯⋯⋯⋯⋯⋯⋯ 108

飯糰捲狗狗 ⋯⋯⋯⋯⋯⋯⋯⋯⋯⋯ 110

大胖狗 ⋯⋯⋯⋯⋯⋯⋯⋯⋯⋯⋯⋯ 112

抱草莓白狗 ⋯⋯⋯⋯⋯⋯⋯⋯⋯⋯ 114

聖誕帽帽狗 ⋯⋯⋯⋯⋯⋯⋯⋯⋯⋯ 116

E 夾心小蛋糕

製作基礎 119

小蛋糕體 120

畫上表情 123

鮮奶油內餡 124

調色用紅糖液 127

● RECIPES

    貓貓狗狗臉 128

    秋田犬 130

    犬御守 132

    花貓咪 134

    哈巴狗 136

    科基屁屁 138

    粉紅肉球 141

    小骨頭 144

F 生乳酪蛋糕

製作基礎 147

蛋糕體 148

碎餅乾底 151

乳酪糊調色 154

● RECIPES

    小白貓 156

    抹茶狗狗 159

    大頭狗狗 162

    哈士奇狗狗 165

G 小麵包

製作基礎 ···································· 171

小麵包 ······································ 172

● RECIPES

　紫薯狗餐包 ······························ 176

　貓漢堡 ·································· 178

　披薩狗 ·································· 180

　手拉手麵包 ······························ 182

　法國麵包貓 ······························ 184

　麥穗麵包 ·································· 186

SP特別企畫！與毛小孩＆小小孩的點心時光

給毛小孩與小小孩的無糖無麵粉蛋糕 ·············· 189

Q　該使用什麼樣的模具呢？ ···················· 190

Q　烤焙溫度和一般蛋糕有不同嗎？ ·············· 190

簡單更換食材！與毛小孩、小小孩共享的概念 ······ 193

● RECIPES

　芝麻純米蛋糕 ···························· 196

　微甜地瓜蛋糕 ···························· 200

　南瓜燕麥蛋糕 ···························· 204

Kokoma的工作小花絮

Kokoma的工作小花絮 ······················ 208

作者序

生活中長年有著貓貓狗狗的我，對於這個主題真的非常喜歡，此時我打著作者序，旁邊睡了4個小毛狗，一個在夢中小跑步，一個打呼好大聲，還有兩個睡到翻著可愛肚肚，一整本書不管是在做食物、拍照還是打稿子，這些監工全程參與都沒有缺席呢。

將食物做成傻氣貓狗樣子，搭配修改得盡量簡單、不需要模具的配方，是希望喜歡烘焙，但沒有太多時間的朋友，也能一起參與生活中製作甜點的樂趣。一整本書沒有使用任何色素、全部都是天然的食材，也全部減糖甚至不加糖，讓製作這些點心的人，用更簡單健康的方式做出共享，不管是特別的日子，還是一個舒服的午後，有這些小同伴就是最好的時光，總是單純又開心！

如果妳／你也剛好喜歡貓貓狗狗，或者有朋友喜歡，一起來嘗試製作這些心意吧，為每個日子增添更加可愛的氣氛。

Kokoma

PART 1

デザート写真

療癒系的汪喵星人
點心日常

把甜食都變成貓咪、狗狗的樣子吧！找
一個悠閒的午後，捲起袖子動動手，畫
上眼睛、長出耳朵，讓盤子裡出現憨憨
的小臉～

●療癒系的汪喵星人點心日常

Recipe:p49-57

Recipe:p54

Recipe:p64-69

Recipe:p74

Recipe:p72

Recipe:p70

Recipe:p76

Recipe:p86

Recipe:p92

Recipe:p94

Recipe:p96

Recipe:p90

Recipe:p88

Part1 ● 療癒系的汪喵星人點心日常

Recipe:p98

Recipe:p100

Recipe:p112

Recipe:p116

Recipe:p106

Recipe:p114

Recipe:p110

Recipe:p108

Part1 ● 療癒系的汪喵星人點心日常

23

Recipe:p132

Recipe:p128

Recipe:p134

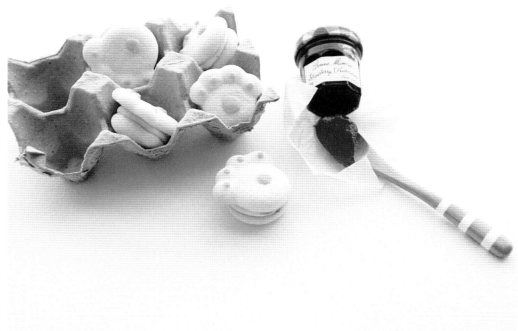

Recipe:p141

Recipe:p138

Recipe:p136

Recipe:p130

Recipe:p156

Recipe:p159

● 療癒系的汪喵星人點心日常

Recipe:p162

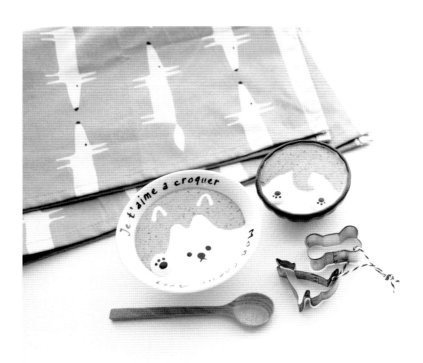

Recipe:p165

Recipe:p176

Recipe:p180

Recipe:p184

Recipe:p186

Recipe:p178

Recipe:p182

Recipe:p196

Recipe:p204

PART 2

ベーキング

低糖、免模具就能完成
Kokoma 風格

許多甜點都必須使用模型來製作，但自由
地去造型，往往會帶來更多的手感和溫
度，成為溫暖人心的樣貌。試著放手去
做，沒有好與不好，只有開心程度與更
加手工的呈現！

低糖、免模具就能完成 Kokoma 風格

MATERIAL
關於使用材料

01 低筋麵粉

最常用於製作甜點的粉類，
易結團，需過篩使用。

02 無鋁泡打粉

泡打粉唯一爭議就是鋁質，
選擇不含鋁的更安心。

03 水磨糯米粉

細緻的粉料可以用來取代
日本白玉粉。

上	01	02	03	04	05
中	06	07	08	09	10
下	11	12	13	14	15

04 細砂糖

選擇盡量細小的顆粒,較利於溶解,本書皆使用細糖粉。

05 片栗粉

也稱為日本太白粉或馬鈴薯粉,已經是熟粉,可直接食用。

06 芝麻粒

裝飾於點心表面的方便材料,也可用奇亞籽代替。

07 熟芝麻粉

香氣十足,可添加於所有點心類別,夏季時請冷藏存放為佳。

08 無糖可可粉

調色調味都很方便,但是加入蛋糕類時,要注意容易消泡。

09 高筋麵粉

揉出麵包筋度需要的粉料,各品牌吸水率略有不同。

10 速發酵母粉

開封久了,酵母會失去活力,請密封存放冰箱冷藏並盡快使用完。

11 細鹽

一般食鹽,添加在麵包中,可抑制酵母活動。

12 抹茶粉

無糖純抹茶,天然抹茶等級與翠綠程度成正比。

13 黑糖顆粒

風味醇厚的糖類,與日式點心非常搭配。

14 竹炭粉

食用等級竹炭粉,購買粉末越細的,會越好調色。

15 燕麥片

非需煮熟的種類,書中使用可以直接吃的即食類。

16 雞蛋

書中使用中型洗選蛋，連殼秤重大約55-60g。

17 煉乳

書中用於製作燒菓子，也可以淋在麵包上調味。

18 草莓

新鮮草莓需要洗淨，以廚房紙巾擦乾水分才使用。

19 巧克力

各種口味的巧克力，隔水加熱到50°C會融化且滑順的程度。

20 紅豆沙

市售紅豆沙，有分顆粒及打成沙狀可供選用，當然也可自製。

21 白豆沙

市售白豆沙，由白鳳豆製成，並非月餅用的油豆沙。

上	16	17	18	19	20
中上	21	22	23	24	25
中下	26	27	28	29	30
下	31	32	33	34	35

22 無鹽奶油

使用前需要放室溫回軟，以手指可按出凹痕的程度。

23 鮮奶

本書使用全脂鮮奶，如需加熱，請用小火避免焦底及溢出。

24 紫色地瓜

水煮或蒸熟後放涼，以叉子壓成泥就可以使用。

25 黃色地瓜

同黃色地瓜用法，但因為有天然花青素，遇酸鹼會轉變顏色。

26 嫩豆腐

打開包裝後，請瀝乾水分才使用，避免製作糯米糰時過度濕黏。

27 無糖鮮奶油

書中使用無糖天然鮮奶油，並非植物性氫化奶油。

28 草莓醬

用來調味的方便材料，可以的話，請選擇風味較酸的種類。

29 柚子醬

同草莓醬用法，柚子果肉有時太大塊，可以稍微剪小一些。

30 吉利丁片

單片約2.5g重，需以冰水泡軟後擠掉水分使用。

31 奶油乳酪

發酵類乳製品，帶有濃郁又清爽的雙重特質。

32 黑糖蜜

可以用於搭配任何甜點，是取代精緻糖漿的好選擇。

33 南瓜泥

同地瓜使用方法，南瓜洗淨後可帶皮一起蒸或煮更健康。

34 蜂蜜

天然的保濕劑，也用於連結不同材料，或增加自然甜味。

35 葵花油

液態油脂，也可選任何清爽的植物油替換使用。

part.2 ● 低糖、免模具就能完成 kokoma 風格

MATERIAL
關於輔助工具

1 大大小小攪拌用的碗

2 加熱用的瓦斯爐

3 煮醬料的鍋子

4 攪拌用的刮刀／湯匙

5 電動攪拌機或
強壯手臂

6 切分材料的刀子

7 剪刀、牙籤…等
簡易工具

8 覆蓋材料以防止
變乾的保鮮膜

9 可以烤也可以煮的
烘焙紙

10 計量材料的小磅秤

11 小小的分裝杯子
或容器

12 可當擠花袋的
三明治袋

13 過篩粉類用的篩網

14 可以塗蛋汁和
拍粉的毛刷

MEMO

1　本書只使用基本的簡單器具，也沒有一定需購買的模型。

2　如果沒有電動攪拌機，用人力也是可以取代的。

3　家庭式小烤箱適用於書中點心類別，如果火力太強，可以調低
溫度，或是用錫箔紙覆蓋，避免過度上色。

用巧克力畫出療癒的
點心表情

想讓簡單的甜點變可愛，就是為它加上萌萌的表情！巧克
力是方便又容易使用的材料，只要溫和地融化，就可以
隨心所欲地用來畫畫了。就放鬆心情，像個開心的孩子
一樣畫圖吧！

隔水加熱巧克力

小鍋子煮水至50-60°C，放入小碗，即可慢慢
融化巧克力。

馬克杯加熱巧克力

杯子內裝50-60°C熱水，放入包好的巧克力，
浸泡3-5分鐘，看看是否完全融化，或再換一
次水。

PANNA COTTA

滑嫩清爽

奶酪杯

BASIC
製作基礎

鮮奶酪的口感可以藉由調整鮮奶與鮮奶油的比例來決定，如果喜歡濃郁滑潤的話，可提高鮮奶油的比例；喜歡質地清爽的，就提高鮮奶的比例，只要總液體的量不變，都能使用這個配方來完成唷。

另外，甜度也可以增加，因為這本書裡面口味都是低糖，對喜歡甜的人來說可能不夠有味道，自行增加糖的份量是沒問題的。

書裡面使用的鮮奶油都是無糖的天然鮮奶油，也就是動物性鮮奶油，提取自鮮奶，味道顏色為自然乳脂。植物性鮮奶油又稱為人造鮮奶油，以氫化方式製成，色澤風味來自食用色素與香料，與書中使用的鮮奶油不同。

〔**材料**〕　份量約50g ／布丁瓶容量約80g

鮮奶…250g

無糖鮮奶油…250g

細糖粉…20g

吉利丁片…3片

TIPS

將鮮奶酪液倒進瓶子之前，用冰水隔著降溫到變濃是很重要的，如果液體不夠濃稠，用巧克力畫的動物表情可能會在鮮奶油中漸漸暈開，要是已確實降溫的話，會很快凝固住，就能避免這樣的狀況。

會讓巧克力暈開的原因還有另一個，就是巧克力本身加熱過度而產生油水分離，因此只需加熱到50˚C左右就好，慢慢隔著溫水會比開大火更能讓巧克力融化穩定，而且口感細緻。

鮮奶酪

〔作法〕

1　將吉利丁片泡冰水，備用

2　準備小鍋，倒入鮮奶和細糖
　　粉，以小火煮到60-70℃。

3　將泡軟的吉利丁片擠掉水
　　分，放入鍋中攪散。

4　鍋子離火，加入鮮奶油。

5　將奶酪液攪拌均勻。

6　隔著冰水，將奶酪液拌至
　　變濃後就可以分裝。

HOW TO MAKE

抹茶腳印

part.2

低糖、免模具就能完成 kokoma風格

〔**作法**〕

1　準備已隔溫水融化的巧克力和牙籤。

2　用牙籤在布丁瓶內畫一個圓。

3　另外點出三個小點。

4　瓶子翻回正面，就成為迷你腳印。

5　依自己喜好，可以多畫幾個。

6　在奶酪液中加入一點抹茶粉。

7　用小篩網調開至均勻。

8　成為抹茶奶酪液。

9　隔著冰水攪拌至變濃。

10　將抹茶奶酪液倒入畫好的
　　瓶子，冷藏至凝固。

自製可調濃淡的抹茶淋醬！

自製淋在奶酪上的淋醬很
簡單，可嘗試不同的抹茶
粉品牌，濃稠度則依各人
喜好微調，用小火煮的時
間越久就越濃稠，甜度也
都可以自己調整喔。

〔作法〕

1　把材料A混合並調開至均
　　勻，備用。

2　準備小鍋，以小火煮材料
　　B，等到像煉乳的濃度後
　　加入材料A，美味的抹茶
　　淋醬就完成了。

〔材料〕

A　抹茶粉…10g
　　溫鮮奶…50g

B　無糖鮮奶油…100g
　　鮮奶…100g
　　細砂糖…30g

part.2 ● 低糖、免模具就能完成Kokoma風格

HOW TO MAKE

黑糖狗狗

〔**作法**〕

1　準備已融化的巧克力，用牙籤畫一個水滴形當耳朵。

2　畫上狗狗的表情。

3　畫上另一隻耳朵，瓶子翻回正面成為狗狗臉。

4　在奶酪液中加一些黑糖蜜（黑糖蜜作法請參62頁）。

5　仔細攪拌均勻，成為黑糖奶酪液。

6　隔著冰水攪拌至變濃。

7　將黑糖奶酪液倒入畫好的瓶子，冷藏至凝固。

MEMO

奶酪上面可以加入一些蒸熟的地瓜丁，很搭配黑糖呢！

part.2　●　低糖、免模具就能完成kokoma風格

3

HOW TO MAKE

貓　鮮
貓　奶
　　草
　　莓

〔**作法**〕

1　用牙籤沾取巧克力，在布丁瓶內畫上貓貓
　　表情。

2　瓶子翻回正面，成為貓貓臉。

3　隔著冰水，攪拌奶酪液至變濃。

4　將奶酪液倒入畫好的瓶子，冷藏至凝固。

自製好味道的草莓淋醬！

想為白色的鮮奶貓貓加點顏色，可用季節草莓做淋醬，醬汁質地不需太濃稠。當然也能做成草莓果醬，只要用小火續煮到更濃縮，劃開醬時能看到鍋底的濃度就可以了。

〔材料〕

草莓…200g
細砂糖…30g
檸檬汁…1大匙

1　準備小鍋，倒入細砂糖與檸檬汁。

2　攪拌均勻至砂糖完全化開。

3　放入切小塊的草莓。

4　以小火煮開。

5　煮製過程中，需撈去浮沫。

6　煮到整體變得微微濃稠。

7　將鍋子離火。

8　趁熱裝入乾淨無水分的玻璃瓶。

9　蓋上瓶蓋倒放。

10　完成後放冰箱冷藏，請於1個月內食用完畢喔。

part 2　●　低糖、免模具就能完成 kokoma 風格

DANGO

日式煮糰子

白嫩Q軟

BASIC
製作基礎

日式糰子口感類似我們的湯圓，一般使用白玉粉製作，若白玉粉不易購得，也可以使用水磨糯米粉取代。另外，也能加嫩豆腐讓口感細嫩，製作時就不需要加水了，豆腐還能讓糯米點心變得比較好消化。

不同品牌的嫩豆腐含水量略有差異，皆請瀝乾水分後再使用。若拌合之後覺得偏乾，可再加入嫩豆腐；相反的，就加入少量糯米粉調整。

本書裡的所有甜點都是以低糖為前提製作，所以糰子本身沒有加入糖，只靠沾料來調味。如果不想製作沾料，可以在糯米粉與嫩豆腐裡面加些糖揉勻，做好之後串起來就可以直接吃了。

〔材料〕

水磨糯米粉…100g
嫩豆腐…140g

TIPS

喜歡吃軟糯口感的話，糰子煮至浮起後稍等一下再撈出；喜歡Q彈口感的話，浮起後馬上撈出泡入冰塊水，就能讓糰子冰縮喔。

這個章節的糰子大多是一個10g的份量，大家也可以做得更大或更小，水煮後只要等浮起就可撈出了；如果大小不一，把浮起的先撈出，就可以了唷。

另外有個小技巧，黏合零件時，如果糰子表面乾了，零件就會掉下來，這時沾一些水就可以黏合了。

part2 ● 低糖、免模具就能完成Kokoma風格

煮糰子

〔**作法**〕

1　將兩個材料加在一起,把
　　豆腐切碎。

2　用刮刀持續混壓,直到變成
　　均勻的團狀。

3　用手摸摸看,如果黏手的
　　話,可以加一點粉。

4　取需要的份量,放在小張
　　烘焙紙上,將生團搓成有
　　一點點長的圓形。

5　再取一點生團,做兩個三角
　　形當耳朵並黏上。

6　備一鍋滾水,水滾了就放入
　　糰子煮。

7　讓鍋中的水維持中度滾沸。

8　去除烘焙紙。

9　等糰子浮上水面，就可以撈
　　出。

10　放入冷水中，等糰子降溫、以免沾黏。

低糖、免模具就能完成 Kokoma 風格

黑糖蜜

〔材料〕

黑糖…50g
水…25g
蜂蜜…10g

〔作法〕

3　待涼就可以使用了。

1　準備小鍋，倒入所有材料。

2　以小火攪拌到黑糖融化就關
　　火。

MEMO

由於糖漿類很容易滾沸，只要開小火慢慢煮就好，一次也不要煮太
多，以免糖漿溢出鍋外。

日式甜醬油

〔材料〕

日式醬油…50g
細砂糖…30g
片栗粉…10g
水…150g

〔作法〕

1　準備小鍋，倒入所有材料。

3　煮至呈現濃稠狀就完成了。

2　以小火開始煮，持續攪拌以
　避免結塊。

MEMO

1　煮甜醬油時，要時時顧火，因為很容易煮焦，請務必注意。

2　甜醬油溫熱時最容易塗刷、較好操作，冷卻的話會更加黏稠。
　如果不好使用，可以隔水加熱一下，讓甜醬油恢復溫熱液態。

低糖、免模具就能完成Kokoma風格

1

HOW TO MAKE

花貓糰子

〔作法〕

1　將3顆煮好的糰子串起。

2　黏上3粒芝麻粒做五官。

3　用小刷子沾取甜醬油,在
　　耳朵上畫出單耳或雙耳花
　　色。

part.2 ● 低糖、免模具就能完成Kokoma風格

2

HOW TO MAKE

花狗糰子

〔**作法**〕

1　取適當大小的生團,搓一個扁圓形。

2　做兩個水滴型耳朵,黏在扁圓形兩側。

3　請依60-61頁做法煮好糰子,並串起3顆。

4　黏上3粒芝麻粒做五官。

5　用小刷子沾取甜醬油,在耳朵上畫出雙耳花色。

part2 ● 低糖、免模具就能完成 kokoma 風格

3

HOW TO MAKE

牛頭梗糰子

〔作法〕

1　取適當大小的生團，搓成芒果形狀，有點上寬下窄。

2　做兩個有點長的三角耳朵，黏在糯米團兩側。

3　取一點甜醬油，加入一些竹炭粉調勻。

4　請依60-61頁做法煮好糰子，並串起3顆、黏上芝麻。

5　用小刷子沾取甜醬油，在一邊的眼睛塗花紋。

part.2 ● 低糖、免模具就能完成Kokoma風格

HOW TO MAKE

紅豆被被

貓咪糰子

〔**作法**〕

1 取適當大小的生團，搓成
　三個小圓。

2 做兩個三角形耳朵，黏上
　耳朵成為貓咪頭。

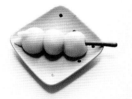

3 請依60-61頁做法煮好糰
　子，將兩個圓形和貓咪頭
　串一起，橫放在盤子上。

4 黏上3粒芝麻粒做五官，不
　易黏的話就沾點水。

5 抹上紅豆沙即完成，如果太乾抹不上去，調一些熱水就能變軟、
　較好使用。

5

HOW TO MAKE

貓貓紅豆湯糰

〔**作法**〕

1　取適當大小的生團,搓成
　三個小圓。

2　把其中兩個黏在一起,再
　加上第三個。

3　搓出6個三角形小耳朵,先
　取兩個黏在其中一個小圓
　糰子上。

4　完成三個貓貓糰子,請依
　60-61頁做法煮好糰子。

5　準備一碗熱紅豆泥。

6　放上三個貓貓糰子,黏上
　芝麻,做出五官的樣子。

6

HOW TO MAKE

迷你貓掌甜湯

〔作法〕

1　取一小份生團，調入一點
　　可可粉。

2　揉製成淺褐色生團，顏色
　　淺淺即可，因為煮後顏色
　　會變深。

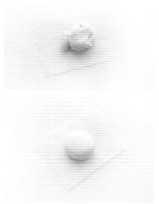

3　取適當大小的生團置於小
　　張烘焙紙，搓成圓形並壓
　　平，呈扁圓形。

4　取一點淺褐色生團壓成圓
　　形，黏在白色生團上，即
　　為掌心。

5　剩下的生團搓成更小的圓，
　　壓扁後壓在掌心周圍。

6　最後以牙籤壓出指間，就
　　可以煮了，煮好後搭配甜
　　湯和配料一起享用。

Part 2　● 低糖、免模具就能完成 Kokoma 風格

7

HOW TO MAKE

柴犬 黃豆黑糖蜜

〔作法〕

1　取適當大小的生團置於小
　　張烘焙紙上。

2　搓成短條狀。

3　以手指搓出頭身的分界。

4　取一點生團，搓成小條狀，
　　黏上尾巴。

5　搓兩個小條狀，先黏上後
　　腳。

part 2

● 低糖、免模具就能完成 kokoma 風格

〔**作法**〕

6　另一個小條狀要稍微壓扁，
　　黏上另一隻後腳。

7　再搓兩個小條狀，黏上一
　　隻前腳。

8　黏另一隻前腳，讓兩隻前
　　腳向內擺。

9　搓一個小圓，做出狗狗嘴
　　巴。

10　搓兩個三角形的長耳朵並
　　且黏上。

11　完成翻肚狗狗的糰子。

12　請依60-61頁做法煮好糰子，再黏上芝麻做鼻子和眼睛。

13　用小刷子沾取黑糖蜜，刷糰子四周和狗狗耳朵做出毛色，可搭配黃豆粉一起吃。

YAKIGASHI

圓蓬外型

燒菓子

BASIC
製作基礎

燒菓子是利用煉乳的黏合力與香氣，快速做出香甜外皮包覆著豆沙的小茶點，適合搭配熱茶一起享用，燒菓子會因為茶溫而在口中化開。

一般來說，菓子外皮越濕潤，化口性越好，但濕軟的外皮比較黏手，需要快速巧勁來製作，所以一開始可以先用比較不黏手的配方來製作，熟練之後再慢減少低筋麵粉的量。相反的，如果冷藏30分鐘之後還是覺得黏手，下次可以再增加10g的麵粉試試看喔。

製作過程中請隨時覆蓋保鮮膜，以免外皮太乾而裂開。烤溫會決定成品顏色，若希望顏色金黃濃郁，可增加上火；相反的，若喜歡色澤淡雅，就降低上火。

〔材料〕 份量約10個

蛋黃…1個
煉乳…60g
低筋麵粉…85g
無鋁泡打粉…3g

TIPS

買來當內餡的豆沙通常已經加了糖，所以設計的這個外皮配方不是很甜，外皮與內餡的比例從1:1到2:1都能製作，內餡越多、成品越豐滿，但是甜度也越高，我使用2:1外皮包覆豆沙，大家可以照自己的喜好下去調整。

使用上下火180°C的烤箱中層，大約烤12-15分鐘，就會看見出現美麗的茶色外皮。若烤箱溫度太高，記得調低溫度、避免過黑。烤好的燒菓子直接吃會比較硬，請等到放涼之後包好，等待回軟再食用；如果沒包好的話，會慢慢地乾掉，這樣口感就不夠好囉。

燒菓子外皮

〔作法〕

1　把蛋黃跟煉乳攪拌均勻，呈現顏色一致的樣子。

2　將無鋁泡打粉加入低筋麵粉裡，拌合均勻。

3　把步驟1的煉乳蛋黃液倒進粉裡。

4　用刮刀攪拌均勻，持續混入乾粉。

5　拌到乾濕料都黏合成團為止。

6 包好保鮮膜，放冰箱冷藏
  30分鐘。

7 將休息好的麵團分成小份
  （大小可調整），一個個搓
  圓。

8 包入準備好的豆沙，每個
  10g（豆沙調味請參84頁）。

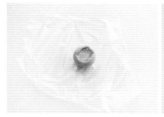

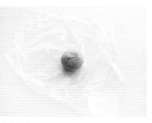

9 像包包子那樣收口，然後密合起來。

10 最後翻回正面，放入預熱
   至180℃的烤箱中烤12-15
   分鐘後取出。

內餡

這裡使用的是市售白豆沙，當然也可自己製作喔，白豆沙可以調入喜歡的風味。這次選了原味、抹茶、芝麻三種口味來搭配燒果子外皮。調味豆沙餡時，請一次加一點，邊試試味道，因為加的越多、味道也越明顯，所以不要一下全下完。

〔作法〕

1　以叉子壓鬆10g的原味豆沙餡後，取需要的份量搓圓；如果覺得豆沙太乾，加入少許熱水就可以調整。

2　如果是苦味材料，例如抹茶粉，就需再加一些細糖調整，避免過苦。

3　除了原味豆沙，分別再加入抹茶粉、芝麻粉，都用叉子壓鬆後，再取所需取份量搓圓。

4　搓圓備用的豆沙請用保鮮膜包好，以維持濕潤，要是乾掉的話，就容易硬化碎裂，而不好包入外皮裡。

HOW TO MAKE

小耳貓

〔 **作法** 〕

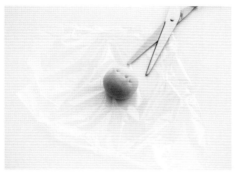

1　請參82-83頁做出基礎圓形並包入餡，在
　兩側剪出小三角形。

2　製作過程都需用保鮮膜覆蓋住，避免外皮
　乾掉。

3　烤好後取出，以牙籤沾取巧克力，畫出貓
　咪表情。

HOW TO MAKE

圓圓法鬥

〔作法〕

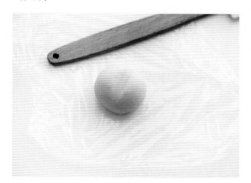

1　請參82-83頁做出基礎圓形並包入餡，用　　2　烘烤完成後，以牙籤沾取巧克力，畫出狗
　　工具壓出一條凹槽。　　　　　　　　　　　　狗表情。

3

HOW TO MAKE

三
小
福

〔作法〕

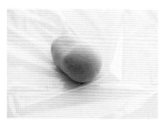

1 請參82-83頁做出基礎圓形並包入餡。

2 輕輕地搓長，變成長形橢圓。

3 用手指壓出頭跟身體的分界，頭的那端多留一些。

4 在頭部兩側剪出小耳朵。

5 烘烤完成後，以牙籤沾取巧克力，畫出狗狗表情。

HOW TO MAKE

栗子與狗

〔作法〕

1　請參82-83頁做出基礎圓
　　形並包入餡，三邊壓一下
　　桌面。

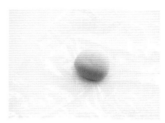

2　成為圓潤的三角飯團形狀。

3　準備1個蛋黃，加1大匙水
　　調勻，刷蛋黃水於麵團上。

4　讓三角形底部均勻沾上白
　　芝麻粒。

5　再做一個基礎圓形。

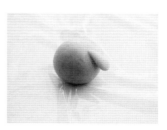

6　搓出兩個水滴狀耳朵，先
　　黏一邊。

7　黏上另一隻耳朵，做出垂
　　耳的感覺。

8　栗子形和狗狗的燒菓子烘
　　烤完成後取出，以牙籤沾
　　取巧克力，畫出狗狗表情。

5

HOW TO MAKE

趴
趴
貓

〔作法〕

1　請參82-83頁做出基礎圓形並包入餡。

2　輕輕地搓長，變成長形橢圓。

3　在頭部兩側剪出小耳朵。

4　搓出兩個水滴狀，做一隻前腳黏在身體下。

5　另一隻前腳也黏上。

6　搓一個小長條，捏成腰果形，當成尾巴黏上。

7　烘烤完成後，以牙籤沾取巧克力，畫出貓咪表情。

HOW TO MAKE

圓尾巴科基

〔作法〕

1 請參82-83頁做出基礎圓形並包入餡，搓成長形橢圓。

2 把一端搓得尖尖的，當作狗狗嘴巴。

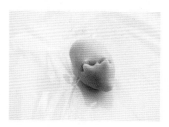

3 在頭上兩側剪出耳朵，兩耳稍近一點。

4 剪出四隻小小的腳。

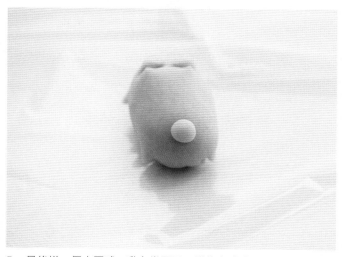

5 最後搓一個小圓球，黏上當尾巴。烘烤完成後，以牙籤沾取巧克力，畫出狗狗表情。

part.2 ● 低糖、免模具就能完成Kokoma風格

7

HOW TO MAKE

招
財
貓

〔作法〕

1　請參82-83頁做出基礎圓形並包入餡。

2　輕輕搓長，做成類似不倒翁的形狀。

3　用手指壓出頭與身體的分界，有微微的腰身。

4　用手指捏出兩個耳朵。

5　取一點麵團，做成貓貓手並黏上。

6　烘烤完成後，以牙籤沾取巧克力，畫出貓咪表情。

HOW TO MAKE

抱麵包貓咪

〔作法〕

1　請參82-83頁做出基礎圓
　　形並包入餡。

2　在桌面滾動麵團，輕輕搓
　　成長橢圓形。

3　用牙籤在麵團上壓出三條
　　線。

4　另取一點麵團搓圓，剪出
　　兩隻前腳。

5　將大小麵團輕輕黏在一起，
　　讓前腳扶著麵團的樣子。

6　在麵團上剪出兩個小耳朵。

7　烘烤完成後，以牙籤沾取
　　巧克力，畫出貓咪表情。

DAIFUKU

大福 軟Q圓潤

BASIC
製作基礎

大福的材料很簡單，而且用微波爐就可製作、能讓過程更加快速方便。如果沒有微波爐，也可用電鍋來蒸粉漿，這樣的份量大約需要蒸30分鐘，直到完全沒有白色的生粉漿就可以取出。

如果是要給小孩吃，或分享一點給毛小孩，製作外皮時，可以不加糖，內餡也可以換成蒸熟的地瓜餡，就是無糖的糯米包餡小點了。

純糯米製品冷藏後容易變硬，建議當天吃完較佳哦。

〔**材料**〕　份量約10個

糯米粉…50g
開水…80g
細糖粉…50g

TIPS

蒸粉漿時，記得加蓋，避免過多水氣滴入，而造成外皮濕黏，這樣口感就不好了。如果製作過程中感覺黏手，就沾取一些片栗粉，或是沾取一些植物油在手上。除了食譜裡的食材，也可以包入其他的水果丁，例如芒果、香蕉、蜜柑…等，選用比較不易出水的都很適合。

外皮+填餡

〔作法〕

1   分次加水，和糯米粉拌合。

2   仔細攪拌，以避免結塊，直
到成為細緻的粉漿狀。

3   加入細糖粉，攪拌至完全
溶解。

4   以中火微波30秒，取出攪
拌。

5   再次微波30秒，取出攪
拌。

6   一直重複以上步驟，直到白
色粉漿變透明。

7　倒在鋪有片栗粉的容器中。

8　讓表面均勻裹粉，以避免沾黏。

9　剪成需要的小塊，這邊約10個。

10　將事先準備好的紅豆沙揉圓，放在延展開來的大福外皮上。

11　包起後捏合收口，翻回正面就完成了。

HOW TO MAKE

小白貓
&
垂耳狗

〔**作法**〕

1　請參104-105頁，製作一個基礎圓形的豆沙大福。

2　以牙籤沾取巧克力，先畫兩個水滴狀當耳朵。

3　畫出狗狗表情。

4　如果是剪兩個小耳朵，可以畫成貓咪。

2

HOW TO MAKE

小
球
貓

〔作法〕

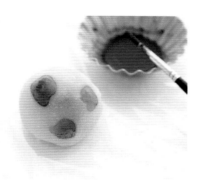

1 請參104-105頁，製作一個基礎圓形的豆沙大福；用可可粉調水，以筆刷沾取畫出三個斑點。

2 拍上片栗粉，收乾水分。

3 以牙籤沾取巧克力，在斑點旁畫出貓咪表情。

4 剪出兩個小耳朵即完成。

3

HOW TO MAKE

飯糰捲狗狗

〔作法〕

1　請參104-105頁，製作一個基礎圓形的豆沙
　　大福。

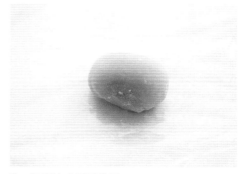

2　輕輕滾成長形橢圓。

3　以牙籤沾取巧克力，畫出耳朵與表情。

4

HOW TO MAKE

大胖狗

〔 **作法** 〕

1　取一個洗淨擦乾的草莓。

2　將適量紅豆沙放在上面。

3　推開紅豆沙，往下包覆住
　　草莓，底部不包。

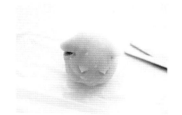

4　蓋上延展開的外皮。

5　往下收口並捏緊。

6　在大福兩側剪出耳朵和前
　　端小手。

7　以牙籤沾取巧克力，畫出
　　狗狗表情。

5

HOW TO MAKE

抱草莓白狗

〔 **作法** 〕

1　請參104-105頁，製作一個基礎圓形的豆沙
　　大福，將2/3處剪開。

2　放入洗淨擦乾的草莓。

3　在上方剪出兩個小耳朵，以巧克力點上貓
　　咪表情。

6

HOW TO MAKE

聖誕帽帽狗

〔作法〕

1 請參104-105頁，製作一個基礎圓形的豆
沙大福。

2 從上方剪開一小部份，但不剪斷。

3 放上洗淨擦乾的草莓固定。

4 以巧克力畫上狗狗表情。

WHOOPIE PIE

鬆軟化口

夾心
小蛋糕

BASIC
製作基礎

這款夾心小蛋糕的作法類似牛粒，但更加簡單，將低筋麵粉改為片栗粉，減低因為攪拌出筋而讓蛋白消泡的機會，使用低筋麵粉製作也OK。

喜歡蛋香味的朋友，可以拉長烤的時間，顏色越金黃的話，蛋香越明顯、也越香脆越乾燥。出爐之後，請撒上防潮糖粉，避免表皮相互沾黏，也增添像是下雪的粉粉感覺。

夾餡之後，需要封好放隔夜，等待內餡浸潤才會好吃，剛出爐以及剛夾餡都吃不出濕潤的感覺。製作時，如果需要畫上表情，先使用巧克力裝飾，再於表面篩上防潮糖粉，輕輕刷出五官就可以了，先撒粉再畫巧克力的話，有時會比較黏不牢。糖粉不需去除太乾淨，以免防沾效果不佳，書裡是為了拍攝需求，所以刷得比較乾淨，平常可以多留一些些。

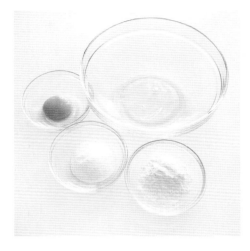

〔材料〕

冰蛋白…1個
細糖粉…20g
蛋黃…1個
片栗粉…30g

註：此食譜份量為半盤，請一次做能放入烤箱的量，才不會因等待烤焙而消泡。

TIPS

蛋白越冰的話，越容易打挺不消泡；而拌入蛋黃的時候，請用最慢的轉速，混合粉類要輕柔但需仔細，攪拌徹底才不會讓小蛋糕裂開。這個配方的表面有一些些氣孔是正常的，但若洞洞過多過大的話，就可能是攪拌粉類沒有均勻，或者過度攪拌而造成蛋白消泡了。

小蛋糕體

〔作法〕

1　先將冰蛋白打出大量泡泡。

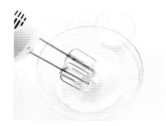

2　加入一半的細糖粉，打到變澎且泛白。

3　加入剩下的糖，打到挺立，拉起時看到小尖角。

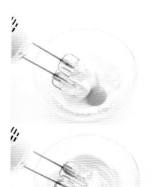

4　加入蛋黃，以低速拌勻成淡黃色霜狀。

5　加入已過篩的片栗粉，輕輕地切開拌勻。

6　直到粉類被完全吸收，表面呈現細緻光澤。

7　把三明治袋子放入罐中，
　　填入蛋糕糊。

8　綁好袋口，剪開尖端。

9　在烘焙紙上擠出小圓，數
　　量依個人需求。

10　上下火160℃烘烤15分鐘，
　　直到邊緣微微金黃。

11　取出烤好的小蛋糕，篩上
　　防潮糖粉。

MEMO

可以自製簡易版的防潮糖粉，用一般糖粉加等量的片栗粉混合均
勻即可。由於片栗粉本身是熟粉，可直接食用，無須擔心。

part 2 ● 低糖、免模具就能完成 Kokoma 風格

免模具！在紙上繪製圖案就 OK

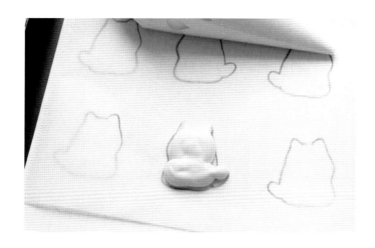

製作蛋糕體時，若想擠形狀、卻又擔心每個大小不同的話，自己做個簡單的圖案紙就可以了。在擠麵糊前，把做好的版型放在烘焙紙下方，方便移動位置使用。

1　找一個喜歡的形狀，畫出輪廓。

2　剪下來當成樣版。

3　在紙上描出對稱形狀，方便兩兩夾餡。

畫上表情

〔作法〕

1　用巧克力在剛出爐的小蛋糕上畫表情。

2　篩上薄薄一層防潮糖粉。

3　刷去糖粉，露出五官。

鮮奶油內餡

〔 **作法** 〕

1　準備50g無糖鮮奶油。

2　加入10g細砂糖。

3　以低速打發。

4　用動物性鮮奶油打發會比較慢。

5　持續打到出現明顯紋路。

6　拉起奶油霜時，有形狀就可以了。

這個比例的鮮奶油甜度本身不高，如果喜歡甜一點，可以增加糖量；如果是選用加入可可、抹茶⋯等苦味的調料，也可把糖量增加一點，以避免完全不甜，大家依自己習慣的口味再實際調整。以打好的奶油霜為底，加入喜歡的口味拌勻就可以使用了。

A 草莓醬

B 柚子醬

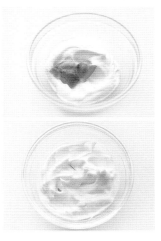

C 可可粉

低糖、免模具就能完成Kokoma風格

D 黑糖液

E 抹茶粉

F 芝麻粉

調色用紅糖液

如果希望蛋糕體有別的顏色，比方想加入可可粉調製蛋糕體的話，這樣蛋糕會消泡比較快，建議改用紅糖調整蛋糕糊顏色，就比較沒有問題了。用咖啡粉也可達到染色而不消泡的效果，將咖啡粉調些水，呈現醬油膏的程度就可以使用了。

〔作法〕

1　取適量紅糖。

2　慢慢加入熱水。

3　攪拌讓紅糖盡量溶解。

4　過篩紅糖液，以去除顆粒。

5　需要有點濃稠，才會比較好調色。

HOW TO MAKE

貓貓狗狗臉

〔作法〕

1　在烘焙紙上擠出兩個圓形。

2　擠出一對小小耳朵。

3　小蛋糕烤好後，用牙籤沾取巧克力畫上表情。

4　可以畫貓貓或狗狗。

5　篩上防潮糖粉，然後輕輕刷掉。

6　夾入喜愛的內餡就完成了。

低糖、免模具就能完成kokoma風格

HOW TO MAKE

秋田犬

〔作法〕

1　擠出兩個橢圓形，當作頭。

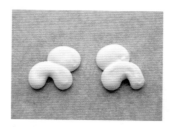

2　加上拱形，當作身體。

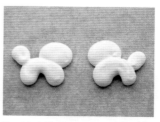

3　擠出蓬蓬長尾巴。

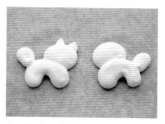

4　擠出一對尖耳朵。

5　小蛋糕烤好後，準備已融化的巧克力。

6　用牙籤沾取巧克力畫上狗狗表情。

7　畫出笑瞇瞇的樣子。

8　篩上防潮糖粉，然後輕輕刷掉。

9　夾入喜愛的內餡就完成了。

3

HOW TO MAKE

犬御守

〔作法〕

1　擠出一個有高度、稍微蓬
　　蓬的長橢圓形。

2　加上圓圓耳朵及尾巴。

3　再擠一個差不多形狀的，
　　當作背面。

4　取出烤好的小蛋糕，準備
　　已融化的巧克力。

5　用牙籤沾取巧克力畫上狗
　　狗表情。

6　在小蛋糕下方，畫出一對
　　前腳。

7　篩上防潮糖粉，然後輕輕
　　刷掉。

8　夾入喜愛的內餡。

9　蓋上另片小蛋糕就完成了。

低糖、免模具就能完成Kokoma風格

HOW TO MAKE

花
貓
咪

〔作法〕

1 請參123頁，加入紅糖液調色蛋糕糊。

2 輕輕拌勻，避免消泡變水狀。

3 在烘焙紙下方放版型，先擠原色蛋糕糊。

4 用紅糖蛋糕糊在貓咪身上擠出色塊。

5 小蛋糕烤好後，可看到所做出的色塊。

6 用牙籤沾取巧克力畫上貓咪表情。

7 篩上防潮糖粉，然後輕輕刷掉。

8 夾入喜愛的內餡就完成了。

HOW TO MAKE

哈
巴
狗

〔作法〕

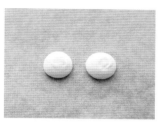

1　在烘焙紙上擠出兩個圓形。

2　加上兩個小橢圓形做狗狗身體。

3　擠出三個小圓，當腳腳跟尾巴。

4　用紅糖蛋糕糊擠出嘴巴及耳朵。

5　取出烤好的小蛋糕，準備已融化的巧克力。

6　用牙籤沾取巧克力畫上狗狗表情。

7　篩上防潮糖粉，然後輕輕刷掉。

8　夾入喜愛的內餡就完成了。

HOW TO MAKE

科基屁屁

〔**作法**〕

1　在烘焙紙上擠出兩個圓形。

2　加上兩個小圓做腳掌。

3　用紅糖蛋糕糊在圓形上方
　　畫色塊。

4　擠一個圓尾巴。

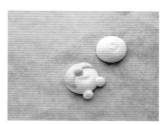

5　圓尾巴要有一點立體感。

6　取出烤好的小蛋糕，準備
　　已融化的巧克力。

低糖、免模員就能完成Kokoma風格

7　用牙籤沾取巧克力，點出腳掌肉球。

8　再加上三個小點。

9　在屁屁中心畫一個叉叉。

10　篩上防潮糖粉，然後輕輕刷掉。

11　夾入喜愛的內餡就完成了。

7

HOW TO MAKE

粉紅肉球

〔作法〕

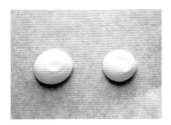

1　在烘焙紙上擠出兩個圓形。

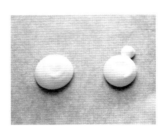

2　加上小小圓形。

3　擠出相連的小圓。

4　增加第三個。

5　一共擠四個小圓。

6　取出烤好的小蛋糕，準備
　已融化的草莓巧克力。

7　用牙籤沾取草莓巧克力，
　點出腳掌肉球。

8　再加上四個小點。

9　篩上防潮糖粉，然後輕輕
　刷掉。

10　夾入喜愛的內餡就完成了。

低糖、免模具就能完成 kokoma 風格

HOW TO MAKE

小骨頭

〔**作法**〕

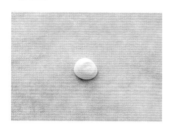

1　在烘焙紙上擠一個圓形。

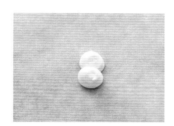

2　加上相鄰的第二個圓。

3　擠出條狀。

4　再擠出另一端的兩個小圓。

5　取出烤好的小蛋糕，篩上防潮糖粉。

6　擠入不同口味的內餡就完成了。

part.2　● 低糖、免模具就能完成Kokoma風格

NO-BAKING
CHEESE CAKE

簡單免烤 生乳酪蛋糕

BASIC
製作基礎

用冷藏方式製作的乳酪蛋糕，有著濃郁又清爽的特質，真的非常美味，這個配方是低糖的，喜歡甜一些的朋友可以增加細糖粉的份量。

奶油乳酪味道迷人，但是開封之後不易保存，建議購買需要的用量就好，不要購買太大的份量，它是一種充滿水分的乳酪，放冷藏容易長出霉斑，冷凍後卻又容易質地變粗，需另費力氣才能恢復原狀。

為增加甜點口感層次，特別放了碎餅乾底，但不加也沒有關係的，可選擇使用。餅乾底部請先烤出美麗的金黃焦糖色，質地才會香酥又不易回軟。

食譜的材料共340g，請以碗的份量來計算要製作幾碗。

〔材料〕

奶油乳酪…200g

鮮奶油…60g

鮮奶…60g

細糖粉…20g

吉利丁…3片

TIPS

攪打奶油乳酪時，需確定退到室溫，因為溫度低不易打散；若不想慢慢等待回溫，可以微波至溫熱，再進行攪打。這樣的起司蛋糕也稱為「免烤乳酪蛋糕」，是以吉利丁遇到低溫會定型的特性來製作，所以需放冷藏直到整體溫度降低，時間會因製作的大小而異，一般大約是30-60分鐘會凝固。

未使用完的乳酪糊，若放在冷氣室溫下會慢慢變稠、而不好使用了，請以溫水隔水保溫，就可延長使用時間。放冷藏保存時，記得加蓋或覆上保鮮膜，以免表面被冰箱冷空氣抽乾而轉黃唷。

蛋糕體

〔作法〕

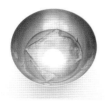

1 　將吉利丁片泡冰水，備用。

2 　準備小鍋，倒入鮮奶、鮮奶油、細糖粉，以小火煮至 60-70°C。

3 　將泡軟的吉利丁片擠掉水分，放入鍋中攪散至融化。

4 　成為滑順的牛奶液，備用。

5 　將奶油乳酪放室溫下，回溫至柔軟。

6 　用攪拌機打散後，分次加入牛奶液。

7 每次都要徹底打散，才能
倒下一次。

8 時常以刮刀整理碗邊濺起
的液體。

9 繼續加入牛奶液。

10 以低速徹底打勻。

11 直到成為滑順的液態。

12 過篩，幫助質地更細緻。

13　用刮刀整理一下不滑順的
　　部分。

14　成為乳酪蛋糕糊。

15　準備溫水鍋，隔水保溫，
　　備用。

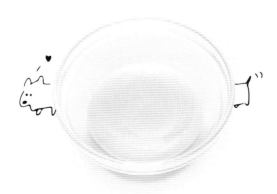

碎餅乾底

〔材料〕 份量約250g

無鹽奶油…40g
細糖粉…20g
室溫雞蛋…1個
低筋麵粉…100g
融化的無鹽奶油…50g

註：如果餅乾碎沒有用完，
可冷凍存放1個月，使用前
先回溫。

〔作法〕

1　將室溫下回軟的奶油與細
　　糖粉放一起。

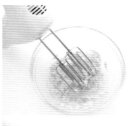

2　以低速打發至混合，直到顏
　　色轉淺。

3　加入1個雞蛋，打發混合。

5　攪拌機不開電,拌到乾粉
　　黏住攪拌漿。

6　以低速拌勻。

4　直到整體均勻後,加入低筋
　　麵粉。

8　放在鋪有烘焙紙的烤盤上。

9　以刮刀鋪平麵團。

7　以刮刀整理一下,成團後,
　　應該柔軟不沾黏。

10 放入烤箱，上下火都170℃，
烤到金黃香脆。

11 趁餅乾溫熱時，摺成小片，
並用杯底將餅乾壓碎。

12 成為餅乾碎屑，大小粗細
可自己決定。

13 準備餅乾碎重量1/3的融
化的無鹽奶油（例如：餅
乾碎30g，奶油為10g）。

14 倒入餅乾碎中混合。

15 仔細拌勻後就可以使用了。

乳酪糊調色

如果希望生乳酪蛋糕有變化，可以加入不同的天然食材幫乳酪糊調色，例如：芝麻粉、抹茶粉、可可粉、竹炭粉…等，當然，還有更多天然色粉可以選擇使用，試試看找尋自己喜歡的顏色。調色後的乳酪糊，使用前先填入三明治袋中，依需求調整剪袋口大小，可以拿來畫出各種表情，讓成品更加生動可愛。

A　芝麻粉→灰色

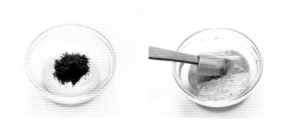

B　抹茶粉→綠色

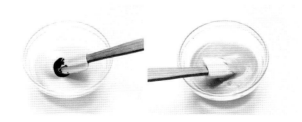

C 少量可可粉→淺褐色

D 較多可可粉→咖啡色

E 竹炭粉→黑色

HOW TO MAKE

小白貓

〔作法〕

1　請依151-153頁，製作碎餅
　乾底放在碗中。

3　放冰箱冷凍5分鐘，讓餅乾
　底定型。

2　用湯匙背面把它壓緊實，成
　為平整的底部。

5　準備黑色乳酪糊，用牙籤
　畫貓咪嘴巴。

6　再點上兩個圓眼睛。

4　倒入原味乳酪糊，以牙籤去
　除氣泡。

7　準備可可乳酪糊，畫出小
　　肉球。

8　完成後，放冰箱冷藏至凝
　　固。

9　準備融化的白巧克力，取兩
　　個份量在烘焙紙上。

10　趁未凝固前，用牙籤整理
　　出水滴耳朵，放冰箱冷藏
　　至凝固。

11　已完全凝固的生乳酪蛋糕
　　跟白巧克力片。

12　最後裝上耳朵就完成了。

2

HOW TO MAKE

抹茶狗狗

〔作法〕

1 請依151-153頁，製作碎餅
   乾底放在碗中。

2 用湯匙背面把它壓緊實，
   成為平整的底部。

3 放冰箱冷凍5分鐘，讓餅乾
   底定型。

4 倒入抹茶乳酪糊。

5 以牙籤去除氣泡。

6 在抹茶乳酪糊上擠一些原
   色乳酪糊。

7 讓它盡量是圓形的，畫出
   小白狗的頭。

8 用牙籤調整乳酪糊，畫出
   兩個耳朵。

9　準備黑色乳酪糊，畫出小
　　白狗嘴巴。

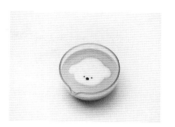

10　點上愛睏的小眼睛。

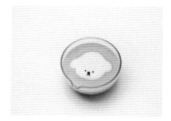

11　最後畫上嘴巴，放冰箱冷
　　藏至凝固。

3

HOW TO MAKE

大
頭
狗
狗

〔作法〕

1　請依151-153頁，製作碎餅乾底放在碗中。

2　用湯匙背面把它壓緊實。

3　成為平整的底部。

4　放冰箱冷凍5分鐘，讓餅乾底定型。

5　倒入可可乳酪糊。

6　擠一些原色乳酪糊，用牙籤調整成有點腰身。

part 2 ● 低糖、免模具就能完成kokoma風格

7 準備淺褐色乳酪糊，用牙
　籤畫出區塊。

8 圍起所需要的面積。

9 擠一點淺褐色乳酪糊，填
　滿整個區塊。

10 製作另一邊的色塊，不用
　　平均沒關係。

11 畫出兩側耳朵。

12 最後以原色、黑色乳酪糊
　　畫出眼睛和鼻子，放冰箱
　　冷藏至凝固。

4

HOW TO MAKE

哈士奇狗狗

〔作法〕（狗狗臉）

2　底部壓平整後，放冰箱冷凍5分鐘，讓餅乾底定型。

1　請依151-153頁，製作碎餅乾底放在碗中，用湯匙背面壓緊實。

3　倒入原色乳酪糊，以牙籤去除氣泡。

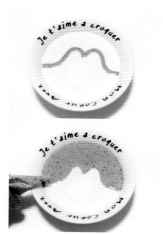

4　擠一條芝麻乳酪糊，畫出一
　　座小山，再填滿區塊。

5　擠一點原色乳酪糊畫出尖耳
　　朵，用牙籤沾取黑色乳酪糊
　　畫鼻子。

6　畫上兩個圓圓眼睛，和小嘴
　　巴。

7 放冰箱冷藏10分鐘至凝固
　後取出。

8 擠一點原色乳酪糊，做出
　一個小圓形。

9 用牙籤沾取黑色乳酪糊畫
　出肉球，放冰箱冷藏至凝
　固即完成。

〔作法〕（狗狗屁屁）

1　請依151-153頁，製作碎餅乾底放在碗中。

2　用湯匙背面壓緊實。

3　放冰箱冷凍5分鐘，讓餅乾底定型。

4　倒入原色乳酪糊。

5　以牙籤去除氣泡。

6　擠一條芝麻乳酪糊做分區。

7　再擠一點芝麻乳酪糊畫尾巴，然後放冰箱冷藏5-10分鐘，讓表面凝固後取出。

8　擠一點原色乳酪糊，做出兩個小圓形當腳掌。

9　用牙籤沾取黑色乳酪糊畫出肉球，放冰箱冷藏至凝固即完成。

MINI BREAD

柔軟多變化

小麵包

BASIC
製作基礎

用手提機器來攪打麵包會讓過程輕鬆許多，但建議一次只製作這樣的小份量，避免機器負擔過大。攪打麵團的攪拌頭是「螺旋勾勾」的款式，並非一般打奶油的那種喔。

使用的烤溫是上下火190°C，一份材料分成8個，大約烤15-18分鐘後可出爐，但實際上要看麵包的大小和各家烤箱的狀況。

不同牌子的麵粉吸水率可能會不同，材料中的液體份量有時需要微調，如果麵團太乾而無法成團，可以酌量的再加入一點液體；相反的，如果擔心麵團太濕，可以先預留一小部分液體，看情況決定再慢慢加入。

〔**材料**〕 份量約8個

高筋麵粉…100g

速發酵母粉…1/4茶匙

細糖粉…1茶匙

食鹽…1/4茶匙

鮮奶…70g

室溫奶油…10g

TIPS

家庭烘焙麵包常常遇到的問題是：過度發酵而讓麵包皺巴巴的。這是因為我們偶爾製作麵包，在整型的手勢上可能比較慢，加上有時候製作一些小耳朵、小手手，會讓整個過程變得更久，而麵團又一直持續地發酵著的緣故。

所以，建議大家第一次麵團發酵時可以發得足，但二次發酵未必要等待20-30分鐘，只要麵團已經比剛休息排氣完的體積大1.5倍就可以烤了唷，而烤箱也要提前預熱完全。

為小麵包做造型的時候，會用到一些裝飾部分，所以切分時可以預留一小塊來做耳朵或其他部分。

小麵包

〔作法〕

1 在麵粉中挖小洞放酵母、鹽、細糖粉,避免酵母直接碰到鹽。

2 把所有粉類攪拌均勻。

3 倒入鮮奶。

4 攪拌機不開電,先大致拌勻。

5 用低速開始攪打。

6 會開始產生筋性。

7　加入奶油。

8　繼續低速攪打。

9　直到表面變平滑。

10　取一小塊慢慢拉開。

11　如果有薄膜狀就可以了。

12　弓著手心，輕輕包成圓形，
　　讓收口朝下。

13　覆蓋保鮮膜，進行第一次
　　發酵。

14　發酵30-40分鐘後，會變
　　成兩倍體積。

15　以手指沾粉，戳到底若不
　　回縮就可以。

16　取出麵團，輕輕壓扁後切
　　分成8個。

17　弓著手心，輕輕把每一份
　　都包圓。

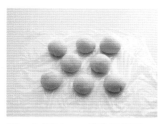

18　包圓時，一樣收口朝下。

19　蓋上保鮮膜，讓麵團休息
15分鐘。

20　仔細按壓麵團，排除空氣。

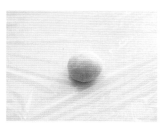

21　再次包圓（如果要造型的
話，請在這裡先做）。

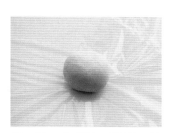

22　第二次發酵只要到1.5倍
大就可以烤了。

part.2　低糖、免模具就能完成Kokoma風格

1

HOW TO MAKE

紫薯狗餐包

〔作法〕

1　請依照172-174頁完成步驟 1-16，取一份麵團擀開，放上 紫薯餡。

2　像包小籠包那樣，捏好收口。

3　把麵團收口朝下放。

4　用麵團做兩個長長小耳朵， 黏上後進行二次發酵。

5　烤溫上下火190°C，大約烤 10-15分鐘後取出。

6　準備融化好的巧克力，用 牙籤沾取畫上狗狗表情。

MEMO

紫薯餡做法：
蒸熟紫薯後，以叉子壓成泥即可使用。如需更加細緻，可以使用
食物調理機來處理。另外可調入少許鮮奶拌勻，增加濕潤口感。

2

HOW TO MAKE

貓漢堡

〔作法〕

1　請依172-174頁完成步驟
　　1-16，將麵團整圓。

2　再整一個比較小的麵團，
　　疊上。

3　搓兩個小耳朵並黏上，進
　　行二次發酵。

4　烤溫上下火190°C，大約
　　烤15-18分鐘後取出。

5　準備融化好的巧克力，用
　　牙籤沾取畫上貓咪表情和
　　花紋。

6　剖開麵包但不切斷，上下
　　都可以夾食材。

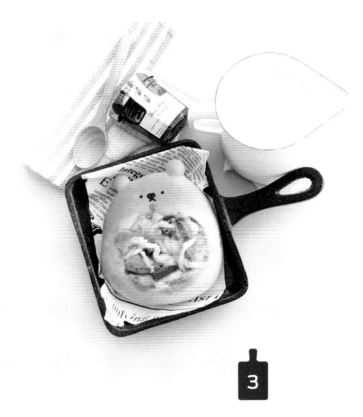

3

HOW TO MAKE

披薩狗

〔作法〕

1　請依172-174頁完成步驟
　1-16，壓開麵團成橢圓形，
　底部有點胖胖的。

2　搓兩個小耳朵並黏上。

3　用模具或小杯子把中間壓
　一個凹槽。

4　用湯匙抹上一點番茄醬。

5　擺放上不會出水的食材，
　進行二次發酵。

6　當體積變成1.5倍大時，放
　上披薩絲進烤箱。

7　烤15-18分鐘後，取出披薩
　麵包。

8　準備融化好的巧克力，用
　牙籤沾取畫上狗狗表情就
　開動囉。

HOW TO MAKE

手拉手麵包

〔作法〕

1 請依172-174頁完成步驟1-16，將麵團擀開成圓形。

2 另外再整一個小圓麵團放在邊緣。

3 用麵團剪兩個小三角形，當作耳朵黏上。

4 再放一個小圓麵團。

5 一樣剪兩個小三角形，黏上耳朵。

6 搓三個小圓麵團，當作小手黏上，做二次發酵。

7 烤溫上下火190°C，大約烤15-18分鐘後取出。

8 準備融化好的巧克力，用牙籤沾取畫上表情。

9 放上喜歡的水果丁、薄荷葉，淋上煉乳就開動囉。

part 2 ● 低糖、免模具就能完成 Kokoma 風格

HOW TO MAKE

法國麵包貓

〔**作法**〕

1　請依172-174頁完成步驟1-16，將麵團擀開成圓形。

2　輕輕捲起麵團，不要太緊。

3　捏合整條麵團並收口。

4　翻回到正面來。

5　用麵團剪兩個小三角形，當作耳朵。

6　烤溫上下火190°C，大約烤15-18分鐘後取出，剖半。

7　準備融化好的巧克力，用牙籤沾取畫上表情。

HOW TO MAKE

麥穗麵包

〔作法〕

1　請依172-174頁完成步驟 1-16，將麵團擀開成圓形。

2　輕輕捲起麵團，不要太緊。

3　捏合整條麵團並收口。

4　翻回到正面來。

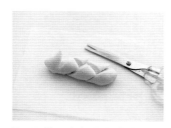

5　用剪刀在麵團上剪出交錯 的開口。

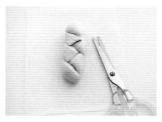

6　剪好的正面樣子。

7　烤溫上下火190℃，大約烤 15-18分鐘後取出。

8　準備融化好的巧克力，用 牙籤沾取畫上表情。

part2　● 低糖、免模具就能完成 Kokoma 風格

SPECIAL PROJECT

スペシャル

與毛小孩 & 小小孩的
點心時光

給毛小孩與小小孩的無糖無麵粉蛋糕

很喜歡生活中的小小孩與毛小孩,也希望將開心的節慶蛋糕一起分享,但是對於糖、麩質、鮮奶、奶油、鮮奶油…等的食用限制,一般蛋糕只能我們獨享,總覺得有些可惜哪。這個想法最後變成簡單低敏的食譜,使用蓬萊米、根莖類來更換麵粉,也許沒有精緻的口感與外型,但吃得非常安心。

米蛋糕的澎澎感絕對不輸一般麵粉做的蛋糕,如果是喜歡口感類似蒸蛋糕的感覺,使用南瓜、地瓜都具有很棒的保濕特性。因為不加糖,所以打發蛋白時,要注意避免打過頭變分離狀,也因為沒有糖的壓制,蛋白一下子就會澎發,盡可能使用冰蛋白,以減少消泡的小狀況。當然,攪拌材料的時候,輕輕地攪拌也是重點之一,別太擔心,就放手試試看吧!

SP 與毛小孩 & 小小孩的點心時光

Q 該使用什麼樣的模具呢？

食譜中的小蛋糕都是用1個雞蛋的量，因為小小孩或
是毛小孩都不適合一次吃太多，所以不一定需要蛋糕
模具。只要是耐熱、可以烤焙的器具都能代替的，這
是溫暖心意的媽媽蛋糕，不侷限於容器，都會被吃光
光的。

Q 烤焙溫度和一般蛋糕有不同嗎？

我用的烤溫是上火180°C、下火150°C，烤15-20分鐘
左右。取出前，先用竹籤刺到底，如果沾黏麵糊，那
就繼續烤，等到完全不沾黏就可以出爐了。需將烤好
的蛋糕倒置，放到完全涼後再脫模，或是直接挖著吃
也可以的～成功的脫模需要一點時間練習，如果擔心
會失敗，可以剪一張烘焙紙墊在容器底部，放涼之後，
用尖刀在容器周圍刮一圈，這樣倒過來的話，就容易掉
出來了喔。

簡單更換食材！與毛小孩、小小孩共享的概念

「越簡單越好」是中心基礎，所有食材的替換都圍繞著
這點打轉。

因為這些是正常飲食之外的點心，可以不加糖就不需
要，如果糖只是調味，可以直接拿掉；但如果糖是必
須的架構，比如：作為結合材料的黏性用途，就不
能拿掉，不過，可以替換為蜂蜜、椰糖、甜菜糖，用
無負擔的方式製作。

如果會對乳製品過敏，可以更換成同性質的替代物，
比方一般來說，牛奶可更換成豆漿，以保有原食譜的
液體需求；或像是市售含糖的豆沙內餡，可以換成蒸
好的地瓜，一樣有香甜的好味道。

以下整理了書中各類別點心的毛小孩版本跟大家分享，
這也是我做給家裡小狗貓吃的，比起購買含有添加物
的零食小點，動手做更加安心。貓貓一般比較挑食，
但我很幸運沒有這個問題（笑）～

小小提醒

所有點心都是點到為止，再天然的東西過量都是不好的，如果真的吃了比較多，當天的正餐可能要稍微減量唷。比起毛小孩的飲食，對自己就沒有這麼嚴格了，「給狗狗吃的」從此定義變得完全不同，常常我做完牠們的食物，都覺得下輩子應該要換牠們養我（大笑）～

來看看更換的方式吧！

食材代換

大福

外皮不加糖，內餡換成蒸地瓜，草莓可以使用。

夾心小蛋糕

小蛋糕不加糖打發，內餡換成地瓜。

燒菓子

煉乳換成蜂蜜，泡打粉不加，內餡換成地瓜。

生乳酪蛋糕

對牛奶過敏的毛小孩不適用。全部鮮奶油用牛奶取代，不加糖，其他正常使用；碎餅乾底不加糖，其他正常使用。

小麵包

對於牛奶過敏的毛小孩，需換成豆漿，其餘可正常使用。

煮糰

正常製作，沾蜂蜜食用，但請務必做成小塊，避免噎到。

奶酪

對牛奶過敏的毛小孩不適用。全部鮮奶油用牛奶取代，不加糖，吉利丁照常使用。或將牛奶、鮮奶油全數替換成無糖豆漿，不加糖，吉利丁照常使用。

結論是，以上點心不加糖都是能夠做成的，
只是我們嚐起來沒有味道，部分成品因為失
去糖分而減低光澤度、不光滑或容易有裂紋，
還好小狗小貓、小小孩不太計較外觀，主要
還是吃得安心為重點。

SESAME AND
RICE CAKE

芝麻純米蛋糕

〔材料〕　份量約1個

蛋黃…1個

蜂蜜…1小匙

蓬萊米粉…18g

芝麻粉…5g

水…10g

葵花油…10g

冰蛋白…1個

〔作法〕

3　拉起攪拌機時，出現尖勾就停止，避免分離。

1　把冰蛋白放在乾淨大碗裡，以中速打發起泡。

2　繼續打發，直到質地綿密、起彎勾。

● SP 與毛小孩 & 小小孩的點心時光

5　依序加入水和葵花油。

6　打至整體都起泡。

4　用攪拌機直接去打蛋黃和蜂蜜，直到兩者顏色均勻。

8　成為均勻的麵糊。

7　加入過篩好的粉類，低速拌入。

9　加入一半打好的蛋白霜，輕輕切開。

10　直到蛋白完全收入麵糊。

12　直到全部均勻為止。

11　將麵糊倒回裝蛋白的大碗，
　　繼續輕輕切開蛋白。

13　倒入耐熱容器，敲一下底
　　部。烤溫是上火180°C、
　　下火180°C，烤15-20分
　　鐘左右取出。

14　烤好的正面是這樣子的，
　　倒扣放到涼透。

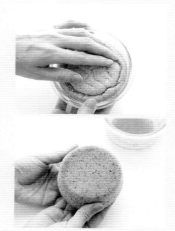

15　用手慢慢從邊緣剝開脫模，
　　直到整個取下，就能加上
　　食材做小裝飾了。

SP 與毛小孩 & 小小孩的點心時光

SWEET POTATO
CAKE

微甜地瓜
蛋糕

〔**材料**〕 份量約1個

蛋黃…1個

蒸熟地瓜壓泥…50g

葵花油…10g

蛋白…1個

〔**作法**〕

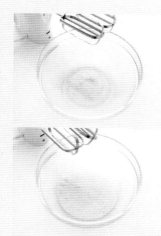

3　拉起攪拌機時，出現尖勾
　　就停止，避免分離。

1　把冰蛋白放在乾淨大碗裡，
　　以中速打發起泡。

2　繼續打發，直到質地綿密、
　　起彎勾。

4　將蛋黃與地瓜泥放在一起。

5　低速打發至顏色變得淺黃。

6　加入一半打好的蛋白霜。

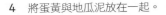

8　輕輕切開，攪拌直到蛋白
　　完全收入麵糊。

9　將麵糊倒入 4 吋小模型。

7　輕輕切開蛋白霜，拌入蛋黃
　　裡，再倒回裝蛋白的大碗。

10　扣住中柱，輕敲一下。

11　讓麵糊流平後就可以烘烤。

12　取出烤好的蛋糕，倒扣放到涼透。

15　已脫模的蛋糕，可另加食材做小裝飾。

13　用尖刀將蛋糕周圍劃一圈，中心也劃一圈。

14　取出中柱，底部也劃圈，分離模型。

SP 與毛小孩 & 小小孩的點心時光

PUMPKIN AND
ROLLED OATS CAKE

南瓜燕麥
蛋糕

〔**材料**〕 份量約1個

蛋黃⋯1個

南瓜泥⋯50g

即食燕麥片⋯5g

葵花油⋯10g

蛋白⋯1個

〔**作法**〕

3　拉起攪拌機時，出現尖勾
　　就停止，避免分離。

1　把冰蛋白放在乾淨大碗裡，
　　以中速打發起泡。

2　繼續打發，直到質地綿密、
　　起彎勾。

4　將蛋黃與南瓜泥放在一起。　　5　仔細地低速打發。　　6　直到整體顏色變淺。

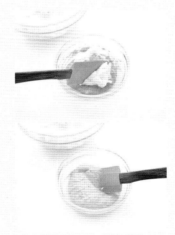

7　加入燕麥片，稍微拌勻。

8　取一半打好的蛋白霜來切拌，直到蛋白霜完全收入麵糊為止。

9　將麵糊倒回裝蛋白的大碗，用切的手勢拌合。

10　直到整體均勻。

11　倒入耐熱容器。

12　敲一下底部，使麵糊流平。

14　涼透之後，以尖刀劃開蛋糕邊緣。

15　柔軟澎潤的蛋糕體完成了，塗上一點優格假裝鮮奶油，就可以熱鬧開心的準備慶生囉。

13　烤溫是上火180°C、下火150°C，烤15-20分鐘左右取出敲一下桌面，倒扣放涼。

MEMO

如果剛開始不太會脫模，可以剪一張烘焙紙墊在杯底，會比較容易脫出哦。

BEHIND THE SCENES
メイキング

Kokoma 的工作小花絮

平時喜歡蒐集各式布織品和小器皿

工作室一角：)

小冰箱也躲在這裡

最常發呆的一個位子

好喜歡出爐的香味

對變成小狗小貓的甜食愛不釋手！

汪汪！小狗來吃豆沙了～

太喜歡鬆軟的夾心小蛋糕了！

米製蛋糕有著溫暖的分享心意

每天都像開心的紀念日一樣！

咬下香甜的草莓大福！

ENDING

謝謝大家看完這一本書，也謝謝大家為生活中貓貓狗狗所做的一切，身為犬貓中途志工，深深覺得這個世界上美善的人太多了，不管是愛護自己家裡的小同伴，或是為需要的動物伸出援手，地球一直運轉如同這些熱切的心臟，每次我都覺得自己要更加努力才行。

我的烘焙起因除了興趣，最大動力就是身邊的貓貓狗狗，想做一份親手做的食物作為感謝禮物，因為每天都是這麼值得慶祝。

每一片餅乾、每一個蛋糕，剛開始練習的時候不管多醜，都會收到最熱烈的回應，從眼睛裡的繽紛煙火，我知道這份心意真的被收到了，因為這些鼓勵，一路走了這麼遠，卻從來不累，每次站在廚房，身邊都像是帶了一群啦啦隊。時光轉移，身邊的小伴侶終老或成功送養，再接回新的需要家的孩子，狗狗貓貓不同，熱切的眼睛卻是一樣的，期待自己可以一直一直讓牠們眼裡亮晶晶，那也是我最滿足的時刻。

這本書的全數收益將會捐給需要幫助的狗狗貓貓，讓更多愛的種子有機會發芽，謝謝妳／你參與了我一直夢想做的事，真的非常非常感謝。

—— 把這本書獻給在天上的爺爺

Kokoma的工作小花絮

機 能 · 美 學 · 品 味 家

讀者回函卡

感謝您購買本公司出版的書籍，您的建議就是幸福文化前進的原動力。請撥冗填寫此卡，我們將不定期提供您最新的出版訊息與優惠活動。您的支持與鼓勵，將使我們更加努力製作出更好的作品。

讀者資料

● 姓名：_____　● 性別：□男　□女 ● 出生年月日：民國　　年　　月　　日

● E-mail：_____

● 地址：□□□□□_____

● 電話：_____　手機：_____　傳真：_____

● 職業：□學生　　　　□生產、製造　　□金融、商業　　□傳播、廣告
　　　　□軍人、公務　□教育、文化　　□旅遊、運輸　　□醫療、保健
　　　　□仲介、服務　□自由、家管　　□其他

購書資料

1. 您如何購買本書？□一般書店（　　　縣市　　　　書店）
　　□網路書店（　　　書店）　□量販店　□郵購　□其他

2. 您從何處知道本書？□一般書店 □網路書店（　　　書店）　□量販店　□報紙
　　□廣播　□電視　□朋友推薦　□其他

3. 您購買本書的原因？□喜歡作者　□對內容感興趣　□工作需要　□其他

4. 您對本書的評價：（請填代號 1. 非常滿意　2. 滿意　3. 尚可　4. 待改進）
　　□定價　□內容　□版面編排　□印刷　□整體評價

5. 您的閱讀習慣：□生活風格　□休閒旅遊　□健康醫療　□美容造型　□兩性
　　□文史哲　□藝術　□百科　□圖鑑　□其他

6. 您是否願意加入幸福文化 Facebook：□是 □否

7. 您最喜歡作者在本書中的哪一個單元：_____

8. 您對本書或本公司的建議：_____

_____

_____

_____

_____

_____

23141
新北市新店區民權路 108-2 號 9 樓
遠足文化事業股份有限公司　收

- 活動辦法：填妥書中回函，寄回本公司，就有機會獲得義大利
  頂級美學家電「SMEG 攪拌機」(市價 33,100 元，
  W40.2xD22.1xH37.8cm) 乙台 (限額 1 名)！

- 活動期間：即日起至 2019.3.31 止，以郵戳為憑
- 得獎公布：2019.4.19 公布於「幸福文化 FB 粉絲團」

備 註　※本活動由幸福文化主辦，主辦方保有變更活動權利
　　　※獎項寄送僅限台、澎、金、馬地區

樂食Santé 10

Kokoma 汪喵星人療癒系甜點

作　　　　　者	——	Kokoma
主　　　　編	——	蕭歆儀
封面與內頁設計	——	MIASOUP DESIGN
印　　　　務	——	黃禮賢、李孟儒
出 版 總 監	——	黃文慧
副　　總　　編	——	梁淑玲、林麗文
主　　　　編	——	蕭歆儀、黃佳燕、賴秉薇
行 銷 企 劃	——	莊晏青、陳詩婷
社　　　　長	——	郭重興
發 行 人 兼	——	曾大福
出 版 總 監		
出　　版　　者	——	幸福文化
地　　　　址	——	231 新北市新店區民權路108-2號9樓
電　　　　話	——	(02)2218-1417
傳　　　　真	——	(02)2218-8057
電　　　　郵	——	service@bookrep.com.tw
郵 撥 帳 號	——	19504465
客 服 專 線	——	0800-221-029
部　　落　　格	——	http://777walkers.blogspot.com/
網　　　　址	——	http://www.bookrep.com.tw
法 律 顧 問	——	華洋法律事務所 蘇文生律師
印　　　　製	——	凱林彩印股份有限公司
地　　　　址	——	114 台北市內湖區安康路106巷59號1樓
電　　　　話	——	(02) 2794-5797

初版二刷　西元 2018 年 10 月

國家圖書館出版品預行編目(CIP)資料

Kokoma 汪喵星人療癒系甜點／
Kokoma 著
-- 初版. -- 新北市：幸福文化, 2018.09
　面；　公分 -- (Sante；10)
ISBN　978-986-96680-6-4 (平裝)
點心食譜

437.354　　　　　　　　107004796